¡Hola, bombarderos!

1

MARAVILLAS VEHÍCULOS 38

BOMBARDEROS

GRACE BELTOWSKI

CREATIVE EDUCATION | CREATIVE PAPERBACKS

¡LISTOS PARA
DESPEGAR!
Memphis Belle
4

tabla de contenido

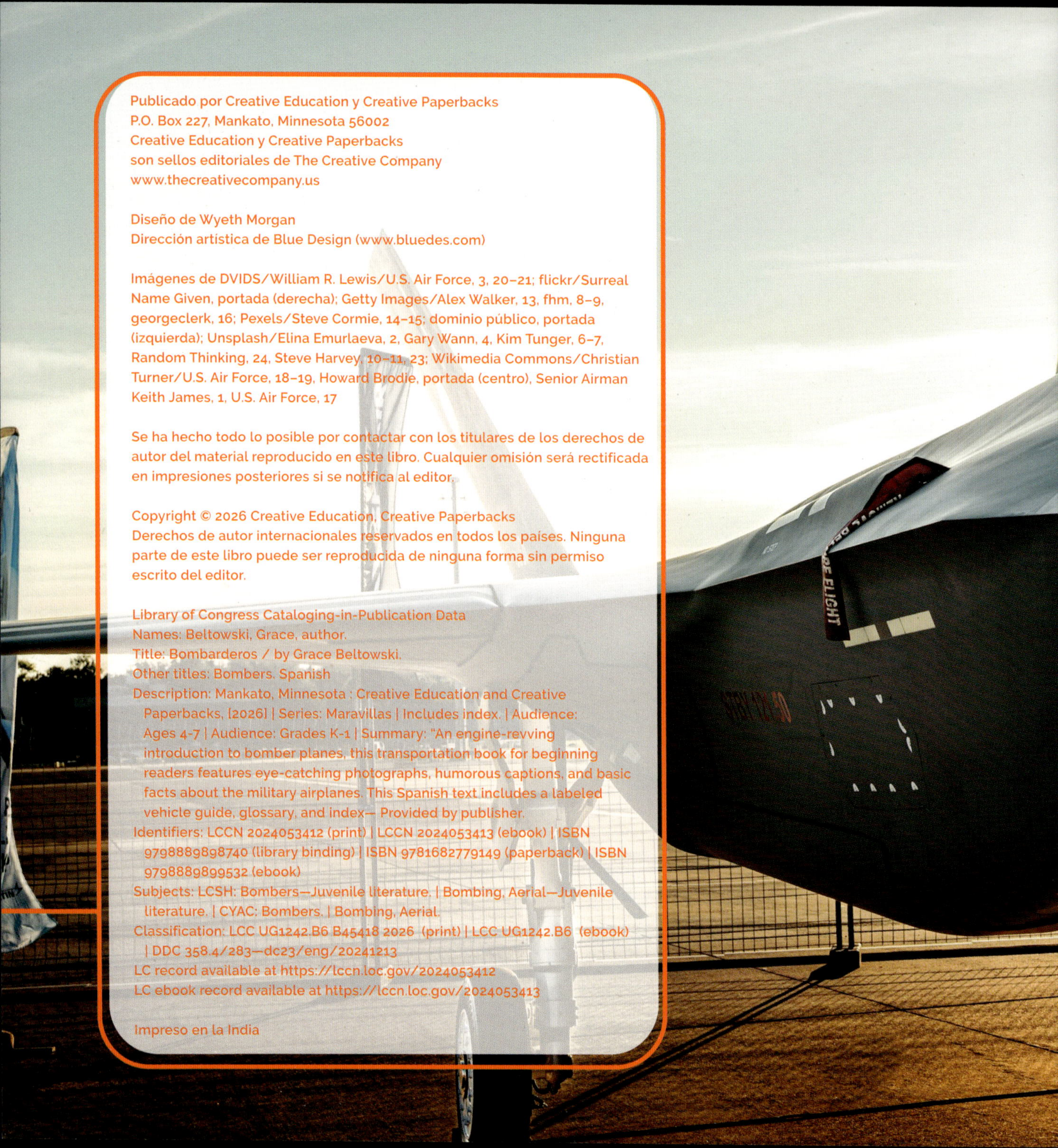

Publicado por Creative Education y Creative Paperbacks
P.O. Box 227, Mankato, Minnesota 56002
Creative Education y Creative Paperbacks
son sellos editoriales de The Creative Company
www.thecreativecompany.us

Diseño de Wyeth Morgan
Dirección artística de Blue Design (www.bluedes.com)

Imágenes de DVIDS/William R. Lewis/U.S. Air Force, 3, 20–21; flickr/Surreal Name Given, portada (derecha); Getty Images/Alex Walker, 13, fhm, 8–9, georgeclerk, 16; Pexels/Steve Cormie, 14–15; dominio público, portada (izquierda); Unsplash/Elina Emurlaeva, 2, Gary Wann, 4, Kim Tunger, 6–7, Random Thinking, 24, Steve Harvey, 10–11, 23; Wikimedia Commons/Christian Turner/U.S. Air Force, 18–19, Howard Brodie, portada (centro), Senior Airman Keith James, 1, U.S. Air Force, 17

Library of Congress Cataloging-in-Publication Data
Names: Beltowski, Grace, author.
Title: Bombarderos / by Grace Beltowski.
Other titles: Bombers. Spanish
Description: Mankato, Minnesota : Creative Education and Creative Paperbacks, [2026] | Series: Maravillas | Includes index. | Audience: Ages 4-7 | Audience: Grades K-1 | Summary: "An engine-revving introduction to bomber planes, this transportation book for beginning readers features eye-catching photographs, humorous captions, and basic facts about the military airplanes. This Spanish text includes a labeled vehicle guide, glossary, and index— Provided by publisher.
Identifiers: LCCN 2024053412 (print) | LCCN 2024053413 (ebook) | ISBN 9798889898740 (library binding) | ISBN 9781682779149 (paperback) | ISBN 9798889899532 (ebook)
Subjects: LCSH: Bombers—Juvenile literature. | Bombing, Aerial—Juvenile literature. | CYAC: Bombers. | Bombing, Aerial.
Classification: LCC UG1242.B6 B45418 2026 (print) | LCC UG1242.B6 (ebook) | DDC 358.4/283—dc23/eng/20241213
LC record available at https://lccn.loc.gov/2024053412
LC ebook record available at https://lccn.loc.gov/2024053413

Impreso en la India

Los bombarderos son grandes aviones militares. Lanzan bombas sobre **objetivos** enemigos.

¡SOY UN B-52
STRATOFORTRESS!

Un avión bombardero tiene dos alas. La parte trasera del avión se llama cola.

Un bombardero utiliza una computadora para encontrar objetivos. La computadora muestra dónde arrojar las bombas.

ALGUNOS BOMBARDEROS PUEDEN DESCENDER RÁPIDAMENTE EN EL AIRE.

Un piloto vuela un avión bombardero. El piloto está sentado en la cabina.

¡SOY IMPORTANTE!
¡YO TAMBIÉN!

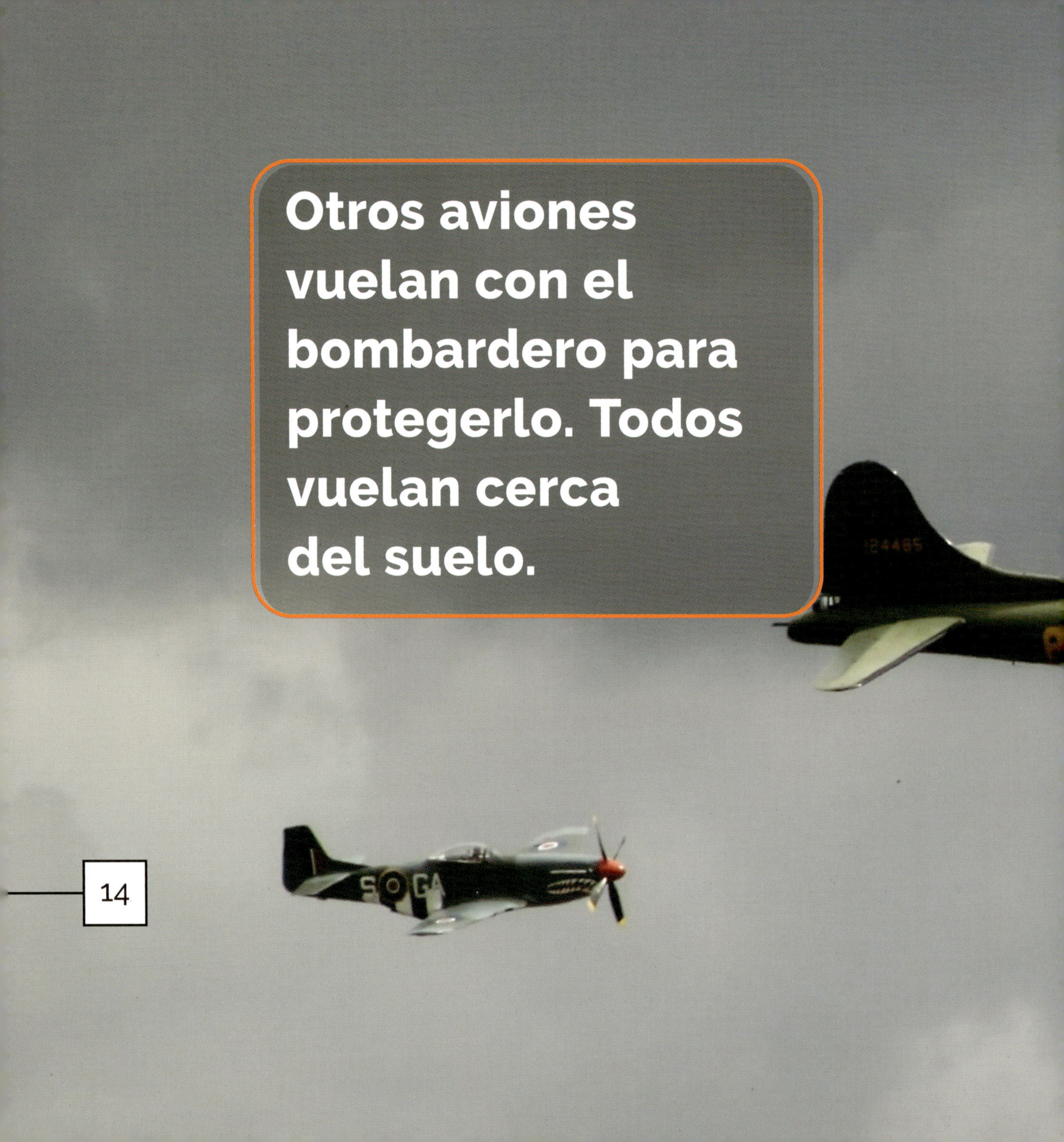

Otros aviones vuelan con el bombardero para protegerlo. Todos vuelan cerca del suelo.

LOS AVIONES BOMBARDEROS TAMBIÉN LLEVAN ARMAS.

Un avión bombardero encuentra su objetivo. Abre una puerta para lanzar las bombas. Se aleja rápidamente.

U.S. AIR FORCE

N842BA

¡Adiós, bombarderos!

[Imagina un bombardero]

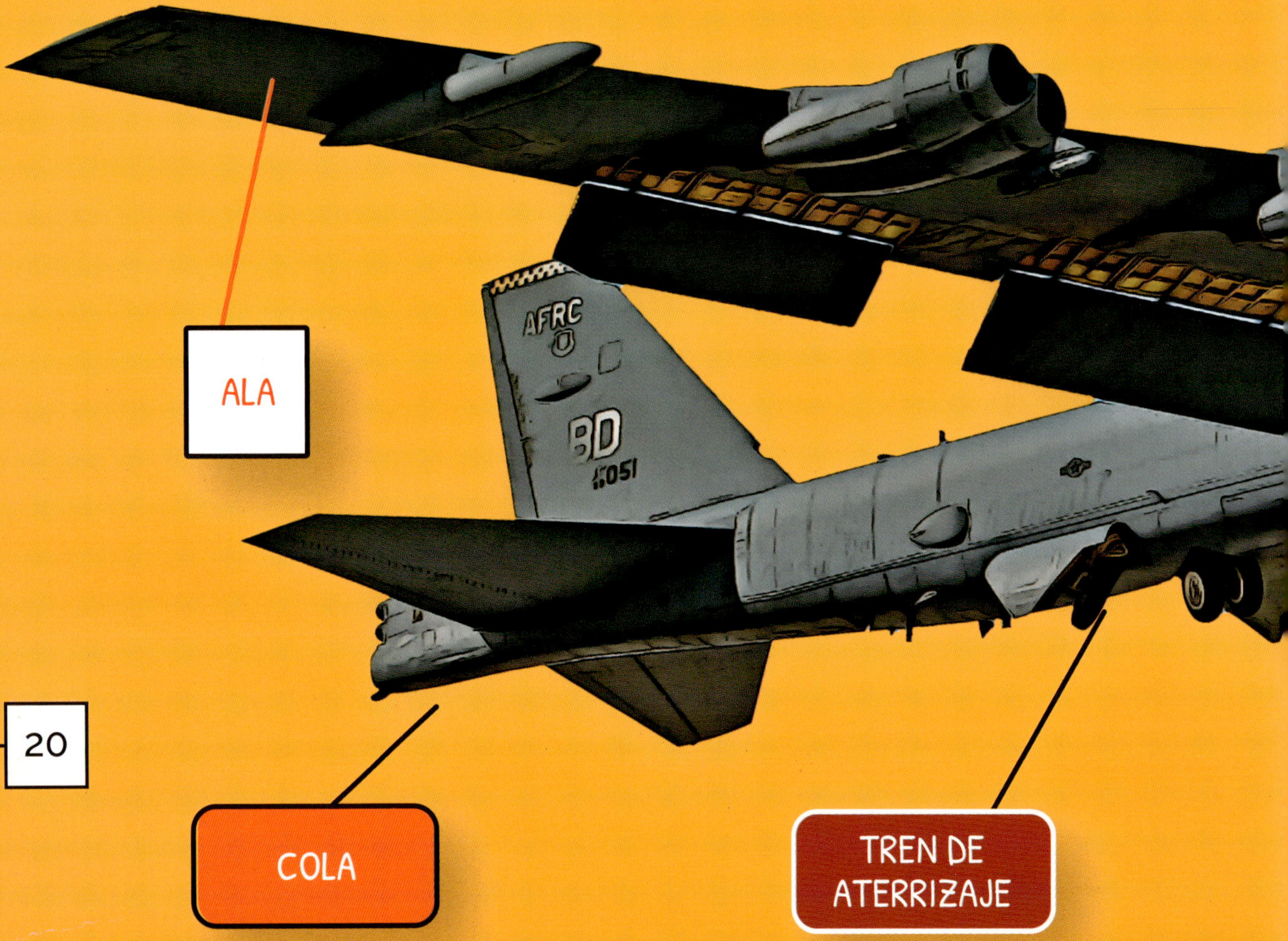

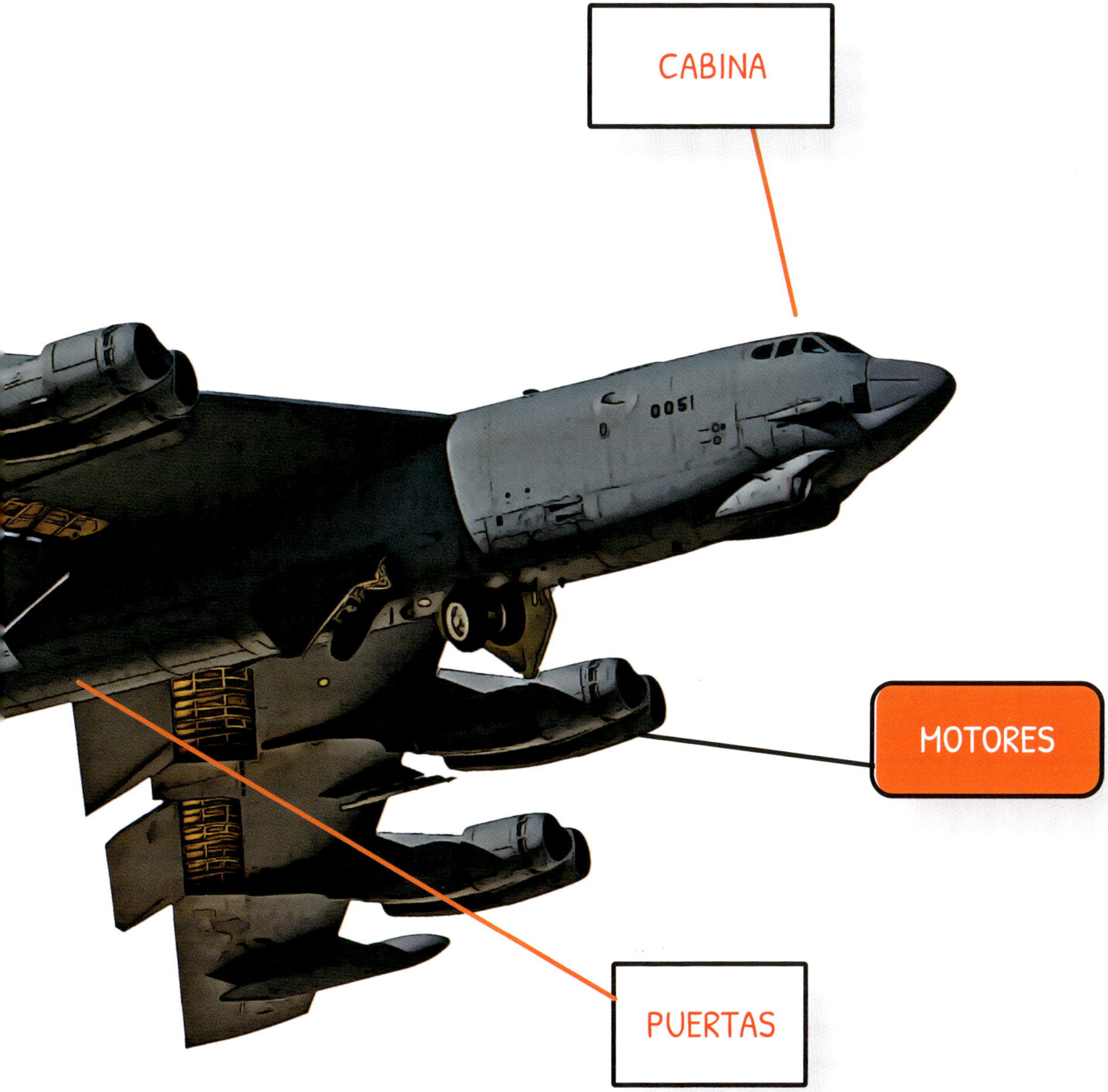
CABINA
MOTORES
PUERTAS

PALABRAS QUE DEBES CONOCER

cabina: lugar donde se sienta el piloto de un avión

objetivo: un avión, edificio u otro objeto al que se dispara

piloto: la persona encargada de volar un avión bombardero

ÍNDICE ALFABÉTICO